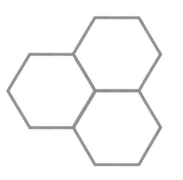

ねえねえ、ミツバチさん
仲良く一緒にどこ行こう

ハニーさんの自伝エッセイ

養蜂家・環境活動家
船橋康貴

はじめに

日本の養蜂は、明治時代から始まりました。明治のはじめに、西洋ミツバチが家畜としてヨーロッパから入ってきた時からです。歴史ではわずか150年です。古来から日本の山野には日本ミツバチがいました。江戸時代に、お百姓さんが米俵を大八車に積んでお殿様に年貢として納めていた時に、ハチミツであれば小さな壺で許されたと言います。甘味として貴重品でした。

日本ミツバチが里山や森で受粉することによって日本の美しい原風景をずっと維持してきたわけです。それが今は農薬や大気汚染、土壌汚染、水質汚染などの影響により追いやられ、絶滅の危機に瀕しています。

日本だけでなく、今ミツバチたちが世界中で激減しています。

2008年には北半球のミツバチが3分の1程になってしまったとも言われています。

これは私たち人類にとり、極めて危険なことなのです。なぜならば、私たち人間は、ミツバチが受粉してくれることによって実る、野菜や果実、穀物を食べて生きているからです。

100年前にドイツの物理学者アインシュタインも、「ミツバチがいなくなると4年以内に人類は滅亡する」と発言しています。

このままだと、ミツバチがいなくなってしまうまで、そんなに時間がないと感じています。

ミツバチは、「環境指標生物」とも言われています。ミツバチが安心して生きられる環境こそ、私たち人間にとっても、安心で暮らせる理想的な環境なのです。

僕は今、このミツバチを守る活動をしています。「ハニーさん」と呼ばれ、子どもたちへのミツバチ教育や講演会をしています。

僕がハニーファームを立ち上げ、ミツバチ保護による世界74億人の食糧危機回避のための活動をするなかで、

「なぜ、ハニーさんは養蜂家に転身し、今の活動をしているのですか？」

という質問をたくさんいただきます。

僕が今に至るまでのことを一からお話ししていると、講演会やお話会ではとても時間が足りず、伝えたいことが伝えられなくなってしまいます。しかし、僕が歩んできた道を知っていただくことは、僕の活動を理解し応援していただくために、そしてあなた自身やあなたの大切な家族を守るために、必要なことだと感じています。

本書を通し、僕のミツバチ保護活動への想いと、活動を進めていくその時々で僕が何を感じ取り、学び、選んできたかを少しでもお伝えできたら嬉しいです。

そして、もしあなたがこの本を読み進めるなかで感じたこと、気づいたことがあったら、それを大脳の記憶だけにとどめずに、おなかで理解し具体的な行動にしていただきたいのです。そうすることで、今の社会は楽園に向けて大きく変わります。なぜなら僕はただの旗振り役であって、それを実現させる主役は、あなた自身だからです。

船橋康貴

ハニーさんの自伝エッセイ

ねえねえ、ミツバチさん　仲良く一緒にどこ行こう

もくじ

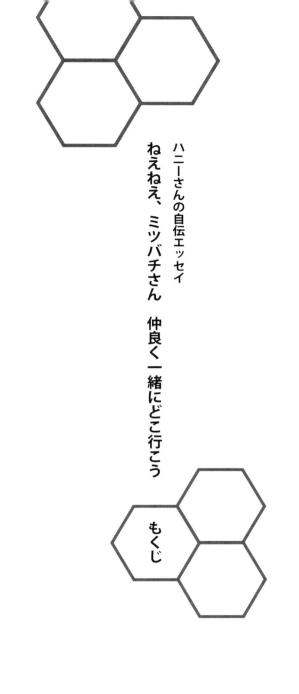

第1章 トップセールスマンから養蜂家へ

営業力をつけた、お金のない小学校時代

僕は1960年、名古屋で生まれました。僕が小学校の頃は、父の事業の失敗のために家が大きな借金を抱えました。そのため物心つく前からやっていたことは、借金取りへの対応です。

親は借金取りが来ると隠れてしまうので、電話に出たり、文句を言われたり、

「親父に言っとけ!」

と怒鳴られたり……怖い人の対応はいつも僕でした。

小学校の時は給食費も払えませんでした。

当時市営住宅の長屋に住んでいたのですが、周りの子どもがみんな流行《はや》りのプラモデルを持っていても、僕だけは持てなかった。僕の頃は皆野球ですが、みんながグローブやバットを買ってもらい、野球帽を被って野球をやっていても、僕はグラウンドの一番後ろで球拾い。グローブがないので、キャッチボールすらできなかったのです。

小学校の時にクラスで忘れ物をすると「正の字」でカウントされるのですが、僕はい

つも「正ちゃんマーク」がずば抜けていました。忘れているのではなく、買えなくて持っていけなかったのです。給食費も払いたくても払えない。でも
「家にお金がありません」

とは言えませんでした。

親は共稼ぎでいつも家にいないので、昼間は僕一人で何もやることがない。だから月曜日から日曜日まで友達の家に遊びに行っていました。行くと、友達のお母さんがケーキを焼いてくれたり、シュークリームをつくって出してくれたりする。

誰とも遊べない日は、小学校にある築山に埋まった土管トンネルの中で、じっと膝を抱えていました。

当時、たこやき1個が5円でした。コーラの空き瓶を拾って公園の水場で洗ってお店に持っていくと10円になった。2本で20円。たこやき4個を買って、爪楊枝《つまようじ》の先でちびちびと土管の中で食べました。今でもたこやきは好きですが、せつない味がします。

土管の中から校舎の時計が見える。暗くなるまでそうやって過ごしました。

ですから僕は、誰かと遊ぶ約束さえできれば、おやつも食べられるし、寂しい想いも

しないですむと子ども心に考えた。

たぶん僕の営業力はその時についたのだと思います。

（友達に断わられないようにするには、僕といると楽しいとか、何かためになるという状態をつくればいいんだ！）

それで僕は「おもしろい子」になったわけです。実際笑わせるのが得意でした。

「船橋といると楽しいから、うちに来て、来て！」

おかげでほとんど毎日どこかへ行けるようになりました。営業の基本、アポ取りをやっていたわけです。

遅くまで遊んでいると、夕餉《ゆうげ》の支度をし始めた先方のお母さんが困っている。

「親御さんが心配するから、おうちに帰ったら？」

「あれー！　こんなに遅くなっちゃった。ありがとうございました！」

帰っても、家にはいつも誰もいませんでした。

とにかく安定した「大きな会社」に入りたかった

小学校の時の成績はオール1でした。

それは貧乏であることとは関係がなく、授業がおもしろくなくて、雲の変化にストーリーをつけたりして窓の外をずっと見ていたのです。そのため「学力不振児」というレッテルを貼られ、親はしょっちゅう学校に呼び出されていました。

親には、「高校をあきらめて、中学を出たら働きなさい」と言われていました。

ただ国語と理科だけは、たまにストーリーでぐっとくることがあって、「おもしろいな〜」と引き込まれて授業を聞いていました。そんな時はきまってテストで100点をとりました。理科も実験などでおもしろい授業があると100点をとる。テスト10回のうち、9回は0点で、1回は100点、そんな感じでした。

そんな僕でしたが、大学では心理学を勉強し、就職は一部上場企業になぜか受かったのです。

亡くなった親父には最後には感謝しましたが、当時の親父は僕にとっては反面教師であり、「あなたのようにはならない」という気持ちでした。

お金のことで両親はずっと喧嘩《けんか》していましたし、「お金がない」ということは怖いことだなと感じていたのです。将来、必ず大きな会社に入って生活基盤を安定させ、結婚も早くしたかった。自分の所帯を持って幸せの世界をつくりたかったのです。

僕は24歳で結婚しました。

娘の死

僕には子どもが3人いるのですが、2番目の子が先天性代謝異常テイ＝サックス病という病気になり、5歳で亡くなりました。娘でした。

それまで順調だと思っていたのが、8ヵ月頃から寝返りがうてなくなり、「あれ？」と思って大学病院に行き、たらい回しにされるように通った末、非常に難しい病気だと判明しました。

「1歳半までは生きられない」

と言われました。現代医学で治らない病気があるのを知って驚くくらい、僕は無知でした。

大学病院に見放され、自分より先に子どもが死ぬということへの恐怖心が強くて、
「この子を何とか治したい。奇跡は必ず起きる」
という気持ちで、漢方、東洋医学、宗教、さらには霊的な力がある人、中国の気功師など、奇跡を起こすと聞けば、ありとあらゆるところに行きました。

本も読み倒しました。

死んだらどうなるかということやスピリチュアルという世界では収まらない神仏の世界のことも含め、あらゆることを30代前半に勉強したのです。

すごく気持ちがピュアになっていますから、普通では起き得ないことが起きました。ある時は壁一面に梵字が表われて、誰かが「読め。読め」と言っていたりしました。

幽体離脱は毎日のようにしていました。手が伸びて壁を突き抜けて向こうの部屋のものを触ることもできました。身体を離れて移動することもできたので、それをどんどん練習しました。なぜかと言うと、上の世界に行って娘の治療方法を聞こうと思ったからです。真剣でした。

ですが、何かの本に「幽体離脱を長くすると肉体が死んで戻れないことがある」と書かれているのを目にし、幽体離脱をしている時にそれを思い出して「怖い」と思った瞬間、肉体に魂が戻ってしまいました。

娘が亡くなった時、肉体は死んで停止しましたが、抜けた魂が「お父さん、お父さん、体が動く」「うれしい、うれしい」と僕の周りを走りまわったり、膝の上にちょこんと座ったりするのがリアルに分かるのです。火葬場へ行く時も娘は僕の膝の上に座っていました。そんなことがはっきり分かるので、僕にとって魂の世界を疑う余地はありませんでした。

娘は亡くなるまで一言も発しなかったし、一歩も歩きませんでしたが、彼女は僕にいろいろなことを学ばせてくれた。そういう意味では、娘は僕の最大の先生です。

環境の仕事の世界でなぜ人が苦しむのか?

仕事は大手信販会社の営業職でした。入社以来、僕は鳴かず飛ばずのセールスマンでしたが、娘の死後、トップセールスに駆け上がりました。僕にとって一番怖いことは、娘が自分より先に死ぬことでした。ですから娘が亡くなってからは、取引先がどんなに大きな会社でも、まったく動じなくなったのです。

月間売り上げが2千万円がよしとされた世界で、3億円を超える売り上げを達成し、営業成績全国1位になりました。

しかしどこかの時点で、いくら成績が良いとちやほやされても、定年を迎えた翌日から何もすることがないな、世の中で何の役にも立たないなと感じたのです。

それで、かわいがってくれていた取引先から声がかかったのを機に、16年間勤めた会社を退職し、新事業の立ち上げにかかわりました。

それは、東京ビッグサイトや幕張メッセなどのイベント会場のフードコート、休憩スペースを改革するベンチャーでした。5年間で東京ビッグサイトや幕張メッセといった仕事を1年分取ってほしいと言われ、僕は半年でそれをやりました。そこで1年間仕事をしたら、いろいろな業界の状況が見えるようになったのです。

「この業界は発展性がないな」「この業界は意外と暗いな」というように、裏事情も見えるようになった。その中で心が踊った展示会が一つだけありました。それが環境展でした。

その後、東京から名古屋に戻り、人材バンクで紹介された資源リサイクルの会社に入りました。その3日目に、僕の発言がきっかけとなり、環境教育や教材開発を手掛けるコンサルティング会社を立ち上げることになりました。企業の環境への取り組みをサポートしたり、自然体験のワークショップを企画して、環境問題を手掛ける仕事でした。

1年後に、環境保護のシンクタンクを立ち上げて、雇われ社長として上海で開かれる中国初の環境展で講演を任されました。ヨーロッパでシンクタンクと連携してフォーラムをやったり、経済産業省から辞令をいただいて、産業構造審議会の環境部門では霞が関で意見をしたりもしました。

何も知らなかったずぶの素人が、たかだか十数年でそこまでできたのは、やはりオール1でやってきただけあって、「生き抜く勘」があったわけです。

その時に分かったことは、大企業の状況です。アポを取ると目の前に環境部長クラスがずら～っと並ぶ。出身校は一流大学を出た超エリートです。皆さん、「リオデジャネイ口で何年に会議があって何が採択された」ということはよくご存知なのですが、「夏休みに自社で親子エコロジースクールを開催しましょう」という話になると、アイディアが一つも出てこない。それが一社だけかと思ったら、ほとんどの企業のスタッフがそうでした。

もう一つ印象的だったのが、鬱《うつ》で倒れる人が非常に多かったことです。環境の仕事をしているセクションの人がです。

当時、「グリーンウォッシュ」と言って見せかけの環境活動というのが流行っていました。もうあからさまにそれが分かる。そういう経験を経て、仕事も忙しくなり海外へも出張し、いろいろなところで講演をしましたが、少しも地球環境は良くならず、むしろどんどん悪くなる一方でした。さらに周りの人が病気になったり、一生懸命環境のことをやっている人が早死にしたりしていった。

（なぜ……？）

僕にとって一番ショックだったのは、講演を終えると多くの会場で女性が来て言うのです。

「先生、私、子どもを産まないほうがいいですよね……」

「こんな世の中に子どもを生み出すということは苦しみを与えることじゃないですか」

それに対する答えが僕にはなくて
「そうならない社会を一緒につくっていきましょう」

としか言えませんでした。

「知識」を「知恵」に変えるコネクター　ミツバチとの出会い

そんなことが重なって体調を崩し病院に行くと、「今生きているのが不思議」と言われるほど、身体がひどい状態になっていました。鬱の診断書も出て
「会社に提出して6ヵ月休んでください。すぐに入院してください！」

と言われました。

そして、身も心もボロボロだったその時に、ミツバチと出会ったのです。

それは、その後の僕の人生を決定づける大切な出会いでした。

ところが、その時の衝撃が強すぎて、ミツバチの置かれている状況を話している養蜂家がいた、ということだけは覚えているのですが、自分がどこにいたのかとか、誰に連れて行かれたのかなど、そのほかの記憶がほとんどないのです。

ただ、ミツバチを見せられた時に、突然何も見えなくなって、ミツバチだけに焦点が合って、何か「ドカーン!!」と稲妻が落ちてきた感覚があり、

「これだー!」

「全部ミツバチが教えてくれる!」

ミツバチに僕の伝えたいことがすべて凝縮されていると直感したのです。

それまで食糧危機ということは話では聞いていましたが、瞬時に分かったことは、それまでの環境政策というのは、大脳から大脳に記憶を届けるだけだったということ。考え方が肚に一つも落ちていない。

知っているだけでは何の役にも立たない。「知っている」を「分かった」に変えなければならない。そのためには「知識」を「知恵」に変える。ミツバチはそのコネクターだと直感したのです。

翌日、会社に辞表を出しました。

その1週間後に病院に行くと、それまでのとんでもない数値が正常値になっていました。医者はこれでもかというくらい薬を出していたので、首をかしげながら「うーん、薬が効いたなぁ」と言うのです。

しかし実は、僕は出された薬を一つも飲んでいませんでした。

その時から、スーツとネクタイを全部脱ぎ捨てて、つなぎを着て、日の出とともに働く生活が始まったのです。

ようやくこぎつけた養蜂家としての一歩

それからは一からミツバチの勉強をしていきました。

ですが、最初からすんなり巣箱を設置させてくれるところは見つからず、すぐにはミツバチを飼うことはできませんでした。屋上で飼う事例も見に行ったのですが、夏はコンクリートが熱を蓄熱して地獄のようですし、冬は逆にキンキンに冷えて風がぴゅーぴゅー吹いている。ミツバチがとってもつらそうに見えたので、屋上では飼いたくないなと思いました。

僕は娘の病気の時にいろいろなことを勉強していましたから、地面のエネルギーがとても大事だということは知っていたのです。高い所で暮らすといろいろな障害が出るので、暮らすならば地べたの低い所でないと駄目だ、地のエネルギーが届かない所でミツバチを飼うのは、僕にはどうしても不自然だという想いがありました。

地べたで飼えるところを探していて、「東山動植物園がある！」とひらめきました。名古屋市の東山動植物園は80年の歴史があるのですが、これまで多くの人がここでミツバチを飼いたいと言ってきても門前払いでした。

僕の場合は、幸運にも前職が地球環境関係の仕事で、名古屋市でも環境学習のプロフェッショナルであることは認めてくれていたので、市に1年間通って、「僕がやれば養蜂施設ではなく環境学習施設になります」と説得したら、許可がおりたのです。

いろいろありましたが、なんとかスタートが切れたのが、２０１２年の春頃でした。

第2章

都市型養蜂の元祖　パリ・オペラ座へ

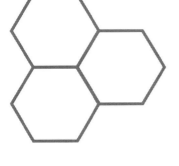

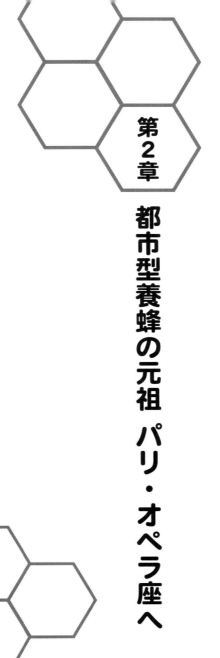

パリへ　オペラ座へ乗り込む！

最初の年に採れたハチミツは全然売れませんでした。

環境の仕事をしていた時代にエコの展示会で小さなブースを持ったことがあったのですが、その時に隣にいらしたのが、今治《いまばり》の池内タオルの社長さんでした。その社長さんも全然タオルが売れなくて困っていたそうです。

起死回生をねらって、風力発電の電気で織ったオーガニックタオルという「風で織るタオル」をテーマに、デザインを一新して展示会に出てきていました。それでも誰も見向きもしなかったので

「いよいよあかんわ」

と言っていらした。

そうしたらその後、池内タオルがアメリカのコンクールでグランプリをとったのです。

そのとたんに日本の百貨店のバイヤーが押し寄せました。

「そうか。外国で認められたら、売れるんだ！」

食の専門家からは

「食についてはパリだ、特にハチミツはヨーロッパだから、パリに行きなさい」

と言われ、僕はパリに行くことを決心するのです。

「行くなら、パリのオペラ座に行こう!」

パリのオペラ座は、30年前から屋根裏で養蜂をしていて、そこで採れたハチミツをオペラ座で販売していることがよく知られていました。まさに都市型養蜂の元祖でした。このオペラ座の方に僕のハチミツを食べてもらい、専門家に評価してもらいたいと考えたのです。

とにかく安い航空券を買って、ハチミツ50個を背負っての旅立ちでした。現地に着くやフェイスブックで「パリで通訳してくれる人いませんか」と探したら、「2週間のうち3~4日だったら」という人が見つかりました。

その通訳の知り合いで、エールフランスのキャビンアテンダントがちょうどバカンスに出ていて、その人に部屋を1日5000円で使っていいと言われたのです。ホテルが1泊5万円する時に本当に助かりました。

パリに着いて1日目に通訳と食事をしたレストランで、お店の人に僕のハチミツを食べてもらったら、「世界一うまい！　お前何者だ？」とすこぶる評判が良かったので、通訳もびっくりしていました。

その通訳には「とにかくオペラ座に行きたい」という話をしていました。地下鉄を乗り継ぎオペラ座にようやく着くと、

「これがオペラ座か〜！」

と見上げました。

（いよいよだな……）

正面からだと当然ながら門前払いです。裏にある売店に入ったら、なんと日本人の売り子さんがいる。会ったばかりでしたが、言葉が通じるので、自分の想いのたけをその店員さんにぶつけました。

「どうしても中に入りたいのですか」

「はい」

「あなたの話は正面から行っても無理です。裏にバレリーナ専用口があるのでそこからな

ら入れるはずです」

「分かりました」

「ただし、警備員がいるから、そこで捕まって不法侵入でブタ箱行きになる。ブタ箱行きになってもいいことと、私から聞いたことを警察に問われても絶対に言わないことを約束してください」

「はい、約束します！」

不安がる通訳に頼み込んで、裏口から入ることにしました。どう見ても僕はバレリーナには見えません。

入ると警備員やらガードマンがたくさんいました。僕は満面の笑みで
「ボンジュ～ル！」

「ボンジュ～ル！」

と挨拶すると、向こうも
「ボンジュール！」

ずーっとそんな調子で、第一関門、第二関門と突破していきました。

ところが最後に関所のような扉があって、番人が座っていました。何だかんだとうるさく言われたので、こっちも負けじと日本語でばんばんまくしたてた。そうしたら「もう、うるさいなあ」という感じになって、「通れ」と扉を開けてくれました。

その開けた向こうが、オペラ座の事務所だったのです。

事務所に入り、テーブルの上に僕のハチミツを「バン！」と出し、

「日本からハチミツを持って来た。ここで一番偉い人に会いたい。話したいことがある」

と言ったのです。

もう部屋中が大騒ぎになりました。

（……なんでお前みたいなあやしいやつがこんなとこまで通れちゃったんだ?!）

しばらくすると二枚目の紳士がつかつかと僕のところまでやってきました。

すぐにその人がトップだと分かりました。

「何しに来た?」

「とにかくこれを食べてください。僕がつくったのです」

ハチミツを食べると、その人の態度が、がらっと変わりました。

「本当にあなたがこれをつくったのですか？」

「そうです」

その人は深々と頭を下げ、

「たいへん失礼いたしました。……どうぞこちらへ」

僕は総支配人の部屋に通されました。

オペラ座と姉妹提携

僕は、オペラ座の総支配人に、公園でミツバチを飼っていることや子どもたちにミツバチ教育をしていること、自分のつくったハチミツの価値を認めてもらいたいという話をしました。支配人はその場で秘書に言って資料を出したり、知っている人に電話をしてくれたのです。

オペラ座の屋根裏にいるミツバチにも会いたいと言うと、養蜂家の方が僕のハチミツを食べてびっくりして、許可してくれました。

「君に逆に教わらなきゃいけない」

とまで言ってくれたのです。しかし実はその時、僕は養蜂1年目でした。

彼らに案内されて、オペラ座の隅々まで、観光客では観られないような特別なところも見せてもらいました。天井のシャガールの絵も、普通は下から仰ぎ見るだけですが、特別なところに連れて行っていただき、目の前で見ました。

屋根裏のミツバチと対面しました。

「ここに上がった人は何人くらいいるんですか?」

「何言っているんだ、30年間、世界であなたが初めてだ。今後も絶対上げないからあなたが最初で最後だ」

その場でオペラ座と姉妹提携までできたのです。

「船橋さんて、フランス人が一生かけてもできないことを一日でやってしまうのですね」

通訳が驚いていました。

オペラ座総支配人と　ハニーファームのハチミツの価値を認め、僕の活動にすぐさま共感、協力してくれた　2014 年 1 月

パリ中央養蜂協会理事長と　３日もさいて僕にすべてを教えてくれた
日本人を尊敬すると言った彼に、必ず報いたい　2014 年 1 月

「尊敬する日本人」として応えたい

ミツバチの教育をやっているパリ中央養蜂協会の理事長にも会えました。その方はミツバチで僕がこれからやろうとしていることに共感してくれました。300年の歴史の流れをくんでいる人で、すごく忙しい方だと聞いていたのですが、息子と二人っきりで始めたばかりの僕のために3日間も時間を空けてくれたのです。そして彼は全部教えてくれました。

3日間が終わって別れ際に握手をすると、彼は泣いてくれました。

「尊敬する日本人に友達ができたことをすごく嬉しく思う」

僕も嬉しくて泣きました。でも泣きながら

「ん？」

（尊敬する日本人て？　フランス人が日本人の何を尊敬しているのだろう）

「尊敬する日本人って、なんですか？」

「なに馬鹿なこと聞いているんだ。日本人というのは、すべての自然に神が宿り、その神を尊敬し、その自然と丁寧に寄り添って生きている国民じゃないか。だからそんな国民を尊敬しないわけがない」

僕はそれを聞いて、とても恥ずかしいと感じました。フランス人の見ている日本人を知り、今、実際の我々はどうなのか、問われる思いでした。

国家が認めるフランスのミツバチ教育

日本ではミツバチと食糧を結び付けての教育はほとんどありませんが、海外、特にヨーロッパでは歴史があります。フランスではミツバチの教育を３００年前からやっていて、ミツバチを守ろうという意識が当たり前のようにあります。

パリ中央養蜂協会はボランティアスタッフが７００人いて、巣箱を５０００箱持っています。そこではミツバチのことを小さい頃から教えるというプロジェクトをやっていて、これを国が支援しています。教えるテーマは一つだけ。

「自然に畏敬の念を持つ」

この想いを小さい頃から持っていれば、青少年の犯罪や心の不健康などといったさまざまな問題がほぼ起きないと国家が認めているわけです。

パリの公園の真ん中にミツバチの園があって、そこに子どもたちが年間4000人来ると言います。ここでミツバチの教育を受けることによって、子どもたちの心が健康に保たれているというのが、このフランス・パリの取り組みなのです。

国家が認めているからこそ、ミツバチを守る活動ができている。日本とはまったく異なる状況に唖然とする思いでしたが、ミツバチの待ったなしの状況に、いろいろなところの力を借りて活動をしていかなくてはならないという思いを新たにしました。オペラ座、パリ中央養蜂協会とはそれ以来ずっと友好関係にあります。

第3章

ミツバチ絶滅の危機

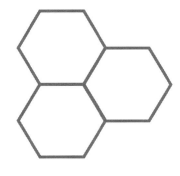

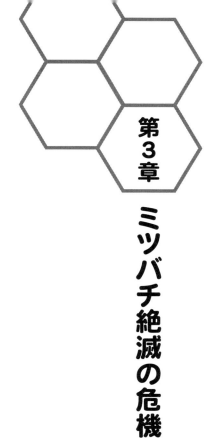

ミツバチはすべてを教えてくれる大先生

ハニーファームのミツバチの園では、子どもたちに養蜂家のスタイルをしてもらい、一緒にミツバチを観察していくということをしています。

まず、最初に巣箱の蓋を開けて羽音を聞いてもらいます。

そうすると低い「ぶーん」という重低音がする。このミツバチの羽音は、地球の自転の音と同じです。

僕が子どもたちに伝えたいことは、身体のおしりから中心を通って頭頂《とうちょう》に向かって抜けていく響きを感じること。この身体の中心とは何かと言うと、「不動心」です。何ものにもぶれずにしっかりとした形で「不動心」が定まると、身体の中心に音が抜けていくのです。子どもたちには、その羽音はミツバチが「すごく幸せだな」と言っている音なんだよと伝えています。

怒っていたり心がざわついている人が巣箱に近づくと、その想いがミツバチに伝わってミツバチが荒くなります。ですから僕は観察の前にミツバチの羽音を聞かせて、子どもたちの心のザワザワをミツバチにチューニングしてもらうのです。そうすると子どもたちの心のざわつきがなくなり、ミツバチは安心して観察をさせてくれる。

３００年の歴史を持つパリのミツバチ教育でも、巣箱と観察者の間は5メートルあけます。でも僕はこの方法で、10センチの距離でかぶりつきで観察してもらいます。ずっと無事故で、刺された人は誰もいません。

ミツバチとの会話は羽音を聞くことなのです。音が、「ぶーん」から「シャー」という高音に変わると、それはミツバチが文句を言っている状態です。その日の天候やコンディションでも変わります。

「シャー」に変わったら、すぐに巣箱の蓋を閉めます。

やはりミツバチも分かっていて、やさしい気持ちの地球愛にあふれている人だと、巣箱を開けても協調しています。朝お世話をしている時に、オレンジ色の朝日の光がミツバチに当たると、ミツバチが黄金色に輝きます。その向こうに森や自然が見えて、宇宙の「ことわり」まで感じるのです。

ミツバチは1ヵ月で生体が入れ替わるのですが、記憶は続きます。たとえば、「敵」とみなしたものはずっと憶えています。

僕は、ある時よろけて巣箱の上にどしんとお尻をついてしまったことがあります。すると、ぶわぁーっとハチが巣箱から出てきて、つなぎの上からばーっと刺されてしまいました。

ミツバチの生体は1ヵ月で代が替わるのですが、それから1年間、僕がその巣箱に近づくと、その巣箱のハチがぶわぁ〜〜っと怒ったのです。僕は「巣箱を攻撃する人」だと憶えられてしまったわけです。ちゃんと記憶が伝播している。人間が敵というのではなくて、「僕」という生命体が敵だというように、その巣箱の2万匹が認識してしまった。本当に賢いです。「ごめん、間違っちゃったんだよ」という「言い訳」はハチには通用しません。なぜなら実際に僕はハチを攻撃をしたのですから。僕は怖くてその巣箱に1年間近づけませんでした。野生というのはそれくらい素直なのです。

よくクリエーターや芸術家がここに来るのですが、ミツバチのお世話をすることで自

ハニーファームの「ミツバチ教室」

然とつながり、慈愛の心が芽生えて直観力が鋭くなる。それが音楽や表現する言葉になっていき、自分自身がすごく磨かれるのです。

だから、ミツバチは僕たちにとっては大先生です。

ミツバチからすべてを教わるというのが基本です。

ミツバチは、僕に用事があると呼びにきます。巣箱から森一つ離れた事務所の窓の外で5分、10分もホバリング（停止飛行）することがあります。そこには蜜もありませんので、ホバリングする意味がありません。ですから「はっ」と気づいて巣箱に急いで行ってみると、必ずトラブルが起きているのです。

ミツバチが世界中でいなくなっている

ミツバチは今、世界中で相当厳しい状況に置かれています。北半球のミツバチが3分の1ほどになってしまったとも言われています。ミツバチを飼っている人と話をすると「昨日2万匹元気でいたのが、今日、忽然《こつぜん》と消えて巣箱が空になった」

ということをよく聞きます。

僕に日本ミツバチを教えてくれた師匠が隣町にいるのですが、５年前には巣箱が20箱あったのが、２年半前には６箱になり、今年は1箱だと。

ミツバチ、いなくなっています。

専門家の話では、減少率を計算すると、あと20年でミツバチがいなくなるそうです。これは極めて危険な話で、僕たち人類が持続できるか、という大きな問題でもあります。

１００年も前にドイツの物理学者アインシュタインは
「ミツバチがいなくなると４年以内に人類は滅亡する」

と言っていますが、僕たちはミツバチが農作物の受粉を助けてくれているおかげで食べものを得ることができているのに、自分で命を守っているような顔をしている。

僕たちは、すべて自然に支えられているのです。

僕が、環境問題を分かりやすく伝えていくために「ミツバチがすべて教えてくれる」と直感してミツバチの世界に飛び込んでから、何人もの養蜂家に会いました。皆、ミツバチがいなくなるという事態に直面し危機感を持っていましたが、ミツバチの保護や、環境改善に向けて具体的に動いている人、社会に対して発信している人はいませんでした。

「えー……?!」

強い違和感を覚えました。

ミツバチの危機を訴えるイベントなどを行なっている例はありましたが、どれも継続的なものではなく、一発花火で終わってしまっている。

パリ中央養蜂協会の理事長にも聞いてみました。

「ミツバチの危機を訴えて、現状を変えていこうと具体的、継続的に動く人はいないのですか?」

「瞬間的なイベントはやるけれど、続かないんだ」

「それはどうして?」

「君のようなアイディアがないからだよ」

こんな大事なことは、すでに世界のどこかで誰かがやっているだろうと思った。でもいなかった。

「誰もやらないなら、僕がやらなきゃ」

強烈な違和感に駆られて、僕は本格的にミツバチ保護活動に乗り出したのです。

「明日の自分のご飯のため」にミツバチの問題を考える

ハチの寿命は、働きバチで1ヵ月です。2週間巣の中の仕事をして、もう2週間は外の仕事をして死んでいきます。その一生の間に、わずかティースプーン1杯のハチミツを集めるのです。

女王バチの寿命は4年と言われていたのですが、大気中に農薬や化学物質がたくさん出ている状態や気候の異変などのため、今は1シーズンで卵が産めなくなってしまっています。以前は4年間、毎年産めていたのにです。今は春に産んだら秋には産めない。だから秋に家族が増えずに家族の数が少なくなるから、冬に体を温め合うことができずに死んでしまう。これも、人間が与えた影響の結果です。

ミツバチはどんどん弱くなっているのです。春夏秋冬があいまいになっていることが、ミツバチや生きものにとっては生きづらいのです。

神様が生きものをデザインした時、ミツバチは、11月中旬から3月の桜の開花まで、その温度下でじっとして体力を消耗させないようにして、桜の花の時期からぴったりスタートするというような、余力（あそび）のない生命の設計をしているのです。

ところが、冬が暖かいとミツバチが巣箱の中で動いてしまい、体力を消耗してしまうのです。場合によっては外に出てしまう。そのあとにガクっと冷え込んだりすると、ミツバチは死んでしまうのです。このことは他の生きものもおそらく同じです。当然人間も同じだと思うのです。

すべての生命にとっての根幹がぐらつくような気候の変化を、人間が贅沢信仰、便利信仰を進めた結果としてもたらしている。長期にわたる気候変動の温暖化の話と、目の前でまかれる農薬。そういう中で弱っている生体につく寄生虫がいる。ミツバチだとダニですが、人間で言うと様々な病気。

地球が健康でないと人間は健康にはなれません。人間が健康でないと地球も健康になれないのです。この関係性がしっかりあるわけです。これを今の人間世界は、「自分の問題」として捉えられない。環境問題で怖いのは、「気づいた時にはもう戻れない」ということです。それから皆自分が被害者だと思っていますが、実は同時に加害者でもあるのです。私たちは環境問題に対し、被害者と加害者を同時に兼ねているということなのです。

地球環境問題を語る時によく「未来の子どもたちのために」と言いますが、僕自身、「良い言葉」として使ってもきましたが、この言葉はもう「明日の自分のご飯のために」と言いかえたほうが真実です。それを「未来の子どもたちのため」と先送りしてぼかすから、たちまち自分とは関係のないことになってしまうのです。

ミツバチを守ることで解決できること

ハチが巣箱からいなくなってしまったらミツバチを販売する業者から買ってきます。今は欲しい人が多くて育ちが少ないからミツバチが高いのです。だから野菜や果物が高騰しています。天候などで作物が育ちにくい、ということもありますが、ミツバチの値段でもあるのです。需要と供給のバランスが崩れています。

2017年で言えば、日本中で必要なハチを100とすると50しかいませんでした。食糧優先なので、様々な機関からの圧力があり、ハチの行先は優先的に農家ということになっているのです。ですから養蜂家にミツバチが回らなかった。今後もどうなるか分からない状態です。ミツバチのことだけを考えても、深刻な食糧危機は近いと思います。

ですから、このミツバチで説明していくことが環境問題を伝えるのに最も分かりやすいのです。ミツバチを守ろうとする気持ちと、家族を愛する気持ちはイコールです。ミツバチを守れないと家族を守れないからです。

ミツバチを守ることができたら、エネルギー問題も食糧の問題も、さらにはさまざまな分野の問題も、解決できると思うのです。今起きている地球大変革を乗り越えるために、八百万《やおよろず》の神々とともにある日本人に立役者になってほしいと切に願っています。

第4章

ミツバチを救え！　ディズニーへの挑戦

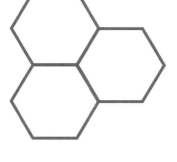

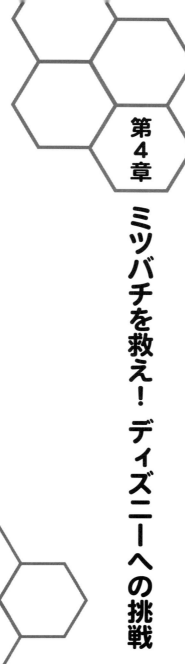

くまのプーさんしか世界を救えない

ミツバチを守る活動は、いくら僕に営業力があるからといってあちこちで話をしても、もうゲームセットで間に合わなくなる。このままでは近い将来、皆が飢えてしまうと感じ、僕はもっと大きな宣伝力のある広報部長をつくらなければいけないと考えました。

世界中でミツバチが減ったら困っちゃうんだよということを言ってくれて、それが地球74億人に一番響かせられる人は誰だろうと一生懸命考えた。そしてひらめいたのです。

「いた！　この人だ！　この人に頼めばいいんだ！」

その人はアメリカのカリフォルニア州バーバンク市にいました。

くまのプーさんです。

僕の中にすぐストーリーが浮かんできました。

ある日、くまのプーさんがハチミツを食べています。

「おいしいな〜、このハチミツは。このハチミツは世界一おいしいハチミツで、昨日のハチミツも世界一ということは、だからこの今食べてるハチミツも世界一なんだ」

みたいに、ちょっとずれた感じで物語が始まります。

するとそこにぶーんと目の前をミツバチが通っていく。

「ミツバチさんどこ行くの〜？　僕、ついて行くよ」

プーさんがミツバチを追って歩いていると、そこにティガーやイーヨー、ピグレットがやってくる。

「プーさん、どこ行くの？」

「ミツバチさんについて行くんだよ」

それを聞いてみんなもミツバチに一緒について行くことにします。

やがてみんなはラビットの畑に着く。そこではお花がたくさん咲いている。ミツバチがたくさんぶーーんと飛んでいる。プーさんが
「ミツバチさん何しているの？」

するとティガーが
「なに言ってるんだ、プー。お前の大好きなハチミツをとってくれているんだよ」と言う

わけです。

プーさんが「そうかぁ～　ミツバチさん、ありがとう！」

ここで場面が変わります。

やがて季節が巡り、ある日ラビットが
「大変だ。大変なことが起こった、みんな僕の畑に来てくれ！」

みんながラビットの畑に集合すると、ラビットが、

「あいつらとんでもないことをした」

「あいつらって誰だよ」

「ミツバチだよ。あんなにきれいに咲いていたお花がこんなふうになっちゃったんだぜ」

そう言ってラビットが見せたのが、見事に実った果物や野菜でした。

「とんでもないやつらだな。あんなきれいな花をこんなにするなんて」

とみんなで、ずれたことを言っていると、ピグレットあたりが言うのです。

「まって、まって！　これって僕たちの大好きな食べるものじゃないの？」

「えっ!?」

「ああ、そうか！」

「ミツバチさんのおかげでこういう食べるものができているんだね」

それでみんな感心して、

「ミツバチさん大好き♪　ミツバチさん最高♪　ミツバチさんありがとう！」と歌いながら、みんなでミツバチのところまで行進していくのです。その行進が始まるところで、お話はおしまい。


これが僕が考えたプーさんのシナリオです。

最後のナレーションでは、「たわわに実った果物やお野菜で仲間たちはパーティをしました。そのお話はまたの機会に……」となって、本を閉じます。

僕はこのシナリオの英訳版と、「もうディズニーしか世界を救えないんだ」というディズニーの社長あての手紙をしたためて、アメリカ・カリフォルニア州バーバンク市へ飛びました。

ディズニーへの命がけの交渉

僕にはサラリーマン時代から、どんな大会社でもアポなしで飛び込む癖がありました。不思議なことに、これまでそれで全部うまくいっているのです。パリ・オペラ座もそうでした。

「ディズニーもきっと大丈夫」

僕はそんな確信があり、アポも取らずに飛行機に乗り、いざカリフォルニアに。ＯＫをもらうまで毎日ディズニーに通おうと考えました。

ウォルト・ディズニー本社から一番近いホテルをとり、通訳も雇いました。

十分な打ち合わせをしたら、あとは行動のみ。

「さあ、行くぞ！」

ディズニー本社の建物は、７人の小人の柱が支えていました。それを見ただけで、もう10分後には社長と握手しているシーンが自分の頭の中にありました。

正面から行ったのですが、前日にフロリダで乱射事件があったことから、もう、けんもほろろで話すら聞いてくれません。他にも門があって、そこからもアタックしたのですが、まったく受け付けてもらえません。

「帰れ！」

「駄目だ！」

の一点張りです。

何度も行くと、「ディズニーにメールをしなさい。そうすれば8週間後に返事がくる」とか「問い合わせ窓口があるから電話してみろ」などと言われました。問い合わせ窓口の番号に電話をすると音声テープが流れて、結局最後は要件を録音してくれと言われ、ガチャッと切られてしまう。

そうこうしているうちにパトカーが2台やってきました。通報されたのです。怪しい危険人物ということで通訳は連れて行かれ、僕はパトカーの中でじっとしていろと言われてしまった。警官が銃の引き金に指をかけ僕を見張っている。通訳は全然帰ってこない。

さすがにその時は

（うわぁ、終わった〜）

と思いました。

僕は、今回も必ずうまくいくと思っていたので、帰国後の報告会の開催もすでに決まっていました。しかも席は予約で満席でした。

（まいったな……どうしよう）

そしてその時に思い出したのです。

（そうだ！　社長あての手紙がある！）

「ミツバチが減ってやがて食糧危機になる。そうならないようにプーさんの力を借りなければこの危機を回避できない。そのことにディズニーが気づき、ディズニーが世界を救ったのだということにしていいので、どうか行動してほしい。私の名は出す必要はありませんから」と訴えた社長あての手紙があることを思い出した。

手紙を出そうと上着の内ポケットに手を入れ、僕はパトカーのドアをばん！と開けました。今思えば、撃たれてもおかしくない状況でした。

警官は一瞬身構えましたが、差し出した手紙を読むと険しかった警官の表情が、にゅーっと柔らかくなった。

「ワハハ！プー、プー！　ワハハハハハハ……」

通訳を職務質問している警官も呼んできて手紙を見せたら、みんなが和気あいあいとなった。

しかし、ディズニー本社のセキュリティーから通報がきているから、「気持ちは分かったけど2度とここに近づくな」と言われてしまいました。それが1日目の午前でした。

僕はディズニー本社の正面入口の警備員の配置をよく見ていました。その時、人が通れる1メートルくらいの隙間をちゃんと確認していました。いよいよとなったら、そこからダッシュで入ろうと思っていたのです。何が起きようと、そうしようと決意していました。

翌日、市役所にも行き、何とかつないでほしいと頼みましたが、相手にされませんでした。そのまた翌日、

（ああそうだ！　僕の身体は入れないけど、宅配便なら中に入れるじゃないか）

と気づいて、ディズニーの社長あてに持ってきた資料全部を宅配便で送りました。

それから返事を待つ間、カリフォルニアで８００箱の巣箱を持つ養蜂家に会いに行ったり、オーガニックスーパーやレストランに見学に行ったりしていました。

僕はしかし、ディズニー本社に入れないのが悔しくて、その間もいろいろな人に連絡をしてお願いをしていました。

僕の知り合いにブレッド&バターという兄弟デュオの歌手がいて、彼らはユーミンの歌をはじめいろいろな人から歌を提供されていました。スティービー・ワンダーからも歌を提供されていたので、このブレッド&バターのお兄さんの岩澤幸矢さんに国際電話をして、「スティービー・ワンダーに連絡して、船橋をディズニー本社に入れるよう交渉してください!」と頼み込みました。

「お前、何言っているんだ、落ち着け!」

「もう、全部が駄目だったらダッシュで隙間に駆け込むつもりだ」

「ふざけるな! アメリカは銃社会だ。本当に撃たれるぞ」

ものすごく強い語気で、こっぴどく叱られました。

叱られなかったら僕は、間違いなくダッシュを実行していました。

最後の30分間ですべてが動いた!

そうこうしているうちに滞在ぎりぎりの最終日になってしまった。

アメリカはニューヨークタイムで仕事をしているので、ニューヨークの5時はカリフォルニアの3時。3時以降は積極的な仕事はしないので、「3時までに連絡がなければ何もないと思ってください」と通訳に言われていたので、あきらめかけていました。

（アポなし飛び込みもうまくいかないことがあるんだな……。満席のお話会、どうしよう……）

やっぱりあの隙間からディズニー本社に走り込むしかないと意を決した時、通訳がいきなりかけ寄ってきて、

「船橋さん！　ディズニーからメールがきました！」

ディズニーの社会貢献推進室のトップマネージャーからでした。

「船橋さん、あなたの提案は素晴らしい。なんとか寄り添ってやっていきましょう」

「やったー！」

通訳と二人で抱き合って泣きました。

するとそのメールとほぼ同時に、通訳の知り合いでピクサーに勤めている人から、ピクサーも興味があるという返事がきました。その年の11月に正式に会うことになったのです。

僕が日本を出る前に、ＮＨＫの番組で、独自のアイディアをプレゼンテーションするＴＥＤ（Technology Entertainment Design）の講演映像が流れていました。それはミネソタの女性教授のプレゼンで、「ネオニコチノイドという農薬のせいでミツバチが死滅している、その農薬をやめて花を植えてほしい」と訴えるものでした。これが再放送で何度も流れていたのです。

これは日本の養蜂家からすると画期的なことで、薬品名を限定して今ミツバチが減っていることを大きな声で伝えた初めての映像なのです。ということはＮＨＫもそれくらいミツバチが危険な状況であることを認識し始めているということです。

僕は通訳に頼んで彼女にメールを打ってもらいました。

「この日程でカルフォルニアにいますから、タイミングが合ったら会いに来てください」

そうしたらその人からも返事がきていました。

「今ヨーロッパにいて行けませんが、考えに共感するから一緒に動いていきましょう」

アメリカ滞在の最後の最後の30分で、どどど！とすべてが急展開したのです。ディズニー本社にダッシュしなくて本当によかったと思いました。

スーツケースを押して帰国した時、安堵の表情の息子に「今回ばかりは生きて帰ってくるとは思わなかった」と言われてしまいました。

僕たちは親子二人の家族です。そのたった一人の親が死を覚悟して出かけるのを、「いってらっしゃい」と笑顔で送り出してくれた息子には、とても感謝しています。

ミツバチ保護活動を加速させるために

プーさんのキャラクターの権利を使うのはほとんど不可能なので、僕はさまざまなところに協力を求めています。パリのオペラ座やパリ中央養蜂協会からもディズニーにプッシュしてもらえるようお願いしていますし、カリフォルニアのビーアソシエーションやシリコンバレーからもプッシュしてもらって、世界からディズニーにお願いするような形で動いています。

プーさんが世界の言語で発信した時に、ミツバチの危機を74億の人が知る。その時養蜂家は一斉に、「それは農薬と気候変動のせいだ」ということを言っていく。そうすればそれにかかわる商いをしている大きな会社は、原因となる製品のあり方を考えなければならなくなる。74億人に言われたら仕方がないな、という状態をつくる。でも、その企業の人たちにも愛する家族がいて生活があります。もし農薬をやめてくれたら、地球が良くなるビジネスを提案して、それを仕事としてやってくれる企業をみんなで応援する。

僕の主義は「怪獣とは戦わない」です。単体で戦っていると、それだけで人生が終わってしまう。そうではなくて、こちらに一つの自分たちの世界観をつくる。そうすることによってその怪獣がひゅーっと縮んでいくようなイメージです。でもその替わりに、とてもやさしい怪獣がニコニコと立ち上がってくるのです。

そのためには時間がないのです。ミツバチは加速度的に減っていきます。立ち上げからなんとかここまで漕ぎ着けたので、できるだけ早い時期に世界の人々がミツバチの大切さを知り、具体的な保護活動のアクションを起こしている状況をつくりたいと、今僕は大真面目にやっているのです。

僕は道具として使ってもらっている

今回アメリカに行ったことで気がついたことがあります。

環境のシンクタンクの社長をやっている時も、〝利他〟という言葉を覚えて、それが人生に潤いを与え、すべてをうまくいかせるコツだということが分かっていたし、自分でもそうしてきたつもりでした。

今回カリフォルニアに行って、それが俯瞰《ふかん》して見えてきた。それまで「利他」を語り続けてきた自分に「私欲」があったことに気づくのです。その「私欲」は小さかったかもしれませんが、やはり完全にゼロではなかった。

今回は、完璧に私心がなかった。「私」が消えている状態です。だからディズニーに走り込んで撃たれてもいい、手紙を差し出したまま死んでもいい、それでＯＫだと真剣に思っていました。またそれができたのも他力の働きだと感じるのです。

オペラ座もディズニーもピクサーも、これは僕の力ではないのです。全部僕は道具として使ってもらっている。大いなるものに対して、絶対に忠実で、絶対に感謝で、だから絶対に切り捨てられない。そうじゃないと続かないと感じる。

奇跡のリンゴの木村秋則さんも同じなのだと思います。あのリンゴのおいしさは真似してもできない。僕のハチミツもいくらやり方を伝えてもたぶん同じものができないと思います。それはなぜかと言うと、木村さんも僕もたぶん他力が働いているからです。人間の感覚を超えた世界が働いていると感じるのです。

あちこちに行って話をして頑張れるのも、ミツバチを絶滅させないために、「自分は使ってもらっている」という謙虚な気持ち、感謝があるからなのです。

僕が一番ミツバチに感謝している出来事があります。仕事をやめてミツバチの世話を始めると、経済的に苦しくなり、加えてマンションのローンや、ミツバチや養蜂道具の購入、パリやアメリカへの渡航費など、さまざまな借金があった。昔トップセールスマンをやっていたことを知っている元女房に、ミツバチの仕事をやめて働きに出て、背負った借金を返してほしいと言われたのです。

その日、各種不払いの請求があって、明日までに払わないと不渡りという日でした。

（もう、限界なのかな……）

「やめるよ」とスタッフに言おうと思い、駐車場に停めてあった車に乗ろうとしたとたん、一匹のミツバチがどこからともなく飛んできて、僕の身体の周りをぐるぐるまわるのです。ぶ〜んっと。僕にはそれが、

「やめないで、やめないで、必ずうまくいくからやめないで」

と言っているように聞こえました。

涙がぶわーっと出てきた。

そのあとに環境の仕事でお世話になった人にお会いする約束がありました。その人にお会いして、その時の僕の状況を正直にお話しすると、その足りない分を「ばん！」と出し、「寄付する」と言ってくれたのです。

これまでそういうことが何回もありました。毎月毎月ぎりぎりで、どうしても足りないという時に、その足らない分の発注がきたり、えーっと驚くようなことの連続でした。だから自分は使ってもらっていると感じるのも、そういう体験からなのです。

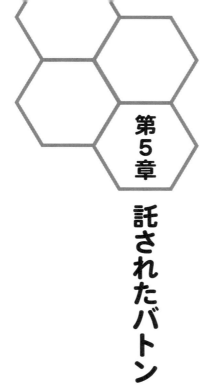

第5章

託されたバトン

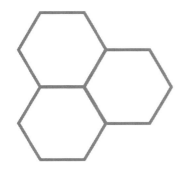

小鳥たちの知らせ

２０１８年現在、ミツバチが置かれている厳しい現状や地球環境をもっと考えなければと思うようなことが立て続けに起きていて、ますますこのミツバチの活動の輪を広げていきたいと思うようになりました。

どういうことかと言うと、元旦からカラスがずっと僕の寝室の窓辺でミーティングしているのです。「なんで僕の窓辺で？」というくらい「クヮアー！　クヮアー！」と。どうも何かを一生懸命話し合っている様子。しかも夜中じゅうやっている。それがしばらく続いていました。

そんなある日、自宅近くの星ヶ丘というところで打ち合わせがあり、午後は何も予定がなかったので、神社に行くか、スターウォーズを観に行くか、家に帰るか、僕は３つの選択肢にすごく迷ったのです。行く方向もそれぞれバラバラでした。どれにするか決めきれずにぽんと道路に出ると、目の前に「３８３８（ミツバチ）」というナンバープレートのついた車が通ったのです。

「あ、この車が進む方向に行こう！」

咄嗟《とっさ》にそう思いました。

するとその車は自宅の方向に向かう。

「じゃあ帰ろう」

と決めて、帰って自分の部屋のドアを開けると、たくさんの小鳥がいきなり窓辺にぶわーっと飛んできた。

窓の外のテラスはもちろん、その向こうの森まで、何百羽という鳥が来ていました。ピッピッピ！　チャッチャッチャ！と言っている。何十羽もの鳥がホバリングして窓ガラスに胸をくっつけてくる。いつもなら、ここに鳥がいても人影が動くとぴっと逃げていたのです。でもその時はあとからあとからどんどん鳥が飛んでくる。

「えー？？」

「一体……どうしたの？」

そうこうしているうちに、途中から小鳥たちが言いたいことが、ここ（胸、肚）で分かった気がした。一大事を知らせに来ていることが分かったのです。

僕が「分かったからね、大丈夫だからね」と言うと、一羽一羽下がっていって森へ戻っていきました。とにかくものすごい数の鳥で、種類も半端ではありませんでした。

以来、カラスのミーティングもなくなりました。「別にわざわざここでやらなくても」と最初の頃は思いましたが、何か僕に聞かせるようにやっていたことで、意味があったのだと感じます。あれは「もう人間に任せていられない」「どうする?」と言っているような感じがしました。

夜中のカラスの会議といい、小鳥の異常行動といい、軽く済んで地球規模の天変地異が起きると感じました。

人間のマイナス意識の集合体が天変地異を推し進めてしまったのです。それを防ぐためには、まずは人の気持ちを変えていかないともう間に合わないということを、自然界から、この時は小鳥たちが僕に訴えてきたということだと感じました。

「もう、あまり時間がないよ」と。

そういうメッセージを受け取っているのは僕だけではありません。ですからなんとか一手でも早く、みんなが気づいて行動を変えていく方向に行けないかなと考えているのです。

ミツバチの話に響く人、響かない人

養蜂家には、ミツバチを道具だと思っている人と、神の化身だと思っている人の2通りがいます。アメリカでは1000箱持っている人もいて、そこではオートメーション化しているので、ミツバチが機械に挟まれてたくさん死んでいます。CCD（蜂群崩壊症候群）のために200箱いなくなっても、その人たちは、それは一定のリスクだと考えるわけです。彼らは、ミツバチを感情のない機械のように思っているのです。

一方、ミツバチを神聖なもので、神の化身で尊いものだと思っている養蜂家もいます。養蜂家だからといって、皆同じ考えでいるわけではありません。

これが「想いの世界」の違いです。皆がミツバチを尊い存在と理解してくれればいいわけですが、そこが本当に難しいところです。

小鳥たちの訴えが焼き付いていたからでしょうか、その直後に和歌山で講演をした時に僕に異変が起きました。通常僕は「温和でニコニコのハニーさん」というイメージで環境問題の話をするのですが、なぜかその時の講演は、「不動明王」が僕に降りてきたのかというくらい厳しいものになってしまいました。なにしろ「おまえら！　地球に何してくれたんだ、ふざけるな！」という感じでしたから。

実は、僕が養蜂を始める時に、イギリス在住のインド人、ジャイナ教のお坊さんで、今スモール・スクールを運営しているサティシュ・クマールさんとお話をする機会がありました。

「ミツバチで環境教育を始めるんです」と言うと、サティシュさんは「素晴らしい、ぜひ頑張ってくれ」と言って、こんなお話をしてくださいました。

「僕の先生は母親一人だ。その母親が自分に教えてくれたことはたった一つ。それは、『サティシュ、ミツバチにすべてを教わりなさい』でした。僕はそれでこれまで人生を生きてきたのです」

と。そして、

「日本中の小学校に畑とミツバチの巣箱を置いたら日本は良くなりますよ」

とおっしゃってくださったのです。

サティシュ・クマールさんと
彼が語ってくれたことが、いつも僕を支えてくれる

ミツバチの活動をしていると、ミツバチの話に響く人と響かない人がいます。ミツバチの現状を聞いても「ふーん」というだけの人や、逆に神経質にいろいろ意見を言ってくる人がいる。僕が講演で、「ある朝、息子と巣箱を見に行ったら、40万匹がCCDで目の前で全滅した」と話をしても、何も反応がないことがあります。

ですから僕は、この40万を人間に置き換えて話をするのです。「今日、日本のある町で朝起きたら40万人死んでいました」という話であったら、どうでしょうか、と。そうすると皆「はっ」となる。置き換えてあげないと駄目なのです。

そういうことから僕はなんとなく１割が響く人で、９割は難しいレベルにあるのかなというイメージを持っていました。当時の僕は、すべての人を根こそぎ救い上げなきゃいけない、というプレッシャーを勝手に背負っていました。正直そういうところが僕にとってはこの活動の一番重たいところでした。

サティシュさんに初めてお会いして３年後、２回目にお会いした時に、そこのところを悩んでいるという話をしたのです。サティシュさんは、やさしくていつもニコニコしていて仏様のような人で、お話も常にそういう口調の方なのですが、僕の悩みを聞いておっしゃったことは、「準備ができた人だけを連れていきなさい」でした。「それで十分だから」と。僕が思わず

「準備ができていない人たちはどうするのですか」

と聞くと、いきなり、サティシュさんは厳しい表情で

「打ち捨てろ！」

と言ったのです。

先ほどの不動明王ではありませんが、まるで人が変わったかのように強い語気で。「も

う相手にするな」ということでした。

僕は80いくつの大先輩にそう言われ、ほっとしたというか、背中を押された気がしました。サティシュさんは、講演でも本を書くのでも、全部の人を説得しようと思わなくていいのだと。１割だと日本で1千3百万人、海外も含めると7億４千万人。その人たちに響いたらよいのだと。

響いた人が、今自分たちが、罠をたくさん仕掛けられている世界に生きていることに気づき、日ごろの想いや言動が変わっていけばいい。幸せというものは、本当にシンプルな生活の中にすでにあることをミツバチが教えてくれているのだからと。

真弓《まゆみ》定夫先生との出会い

そんなある日、薬も注射も使わない小児科医、真弓定夫先生のお嬢さん、紗織さんとお会いする機会があり、「父が医療で言っていることと、ハニーさんがミツバチで言っていることはまったく一緒だから、父の80数年の想いをハニーさんに継いでほしい」と言われました。

「時間がないから早く父に会いに来てください」ということで、東京に真弓先生に会いに行きました。

真弓先生は、医療費が増える一方の今の日本で、薬を出さず、注射も打たず、昔ながらの自然な育児法を提唱する小児科の先生です。この真弓先生とお話をしていると、アメリカ・ネイティブインディアンのホピ族にたくさん習うことがあるという話が出てきます。真弓先生はホピ族の言うことをキャッチしてくれ、と繰り返しおっしゃるのです。

僕はミツバチのことを環境論で話す時にこんな話をします。

神様は人間に必要なものは全部この地面の上に出してある。それを循環させている、つなげているのがミツバチであると。当然、花が咲いてミツバチたちが受粉することで野菜や果物など食べるものができていきます。私たちが着ている服の素材の綿も、ミツバチたちが綿花を受粉して綿ができ、そこから糸をつくってつくられたものであるわけです。木があれば家もできるし、木を燃やせば、エネルギーができる。

人間の不幸がどこから始まったかと言うと、地面の下から石油やウランといったものを掘り出して、お金に換えることを覚えたことからです。たぶん資本主義という名のもとに、その大きな利権を握った人々が、いま地球の、この人間界の権力を握ってしまっている。政治家も含め全部この人々の言いなりになって地球が回っていると言ってもいいくらいです。

CO_2が出る、温暖化になる、原発が爆発するなど、いろいろ問題視されていますが、それはすべて地面の下から私たちが取り出してきたものが悪さをしているのです。

薬害も同じです。0歳児からの子どもたちに出る向精神薬を含め、たくさんの大人が、現代社会の中でつらくなって飲まされる薬は、全部石油を化かしたものばかりです。

真弓先生は、「薬」というものは「草と木で楽になるもの」であるとおっしゃいます。薬は決して石油からつくられるべきものではありません。しかも石油からつくられた薬にはすべてに副作用がある。そういう弊害があることが分かっていても、経済中心の社会ではそれをやめることができない。ミツバチなどの小さい生きものを苦しめているのも同じ石油からつくられた薬品です。

国民、世界市民は、そういう一部の、場合によっては、ずるがしこい頭の良い人たちにまんまと騙されているということに気づかなければならないのです。

ホピ族が言っているのが、まさにこのことであるわけです。彼らは、地下からものを引っ張り出しちゃいけないと言っています。木を切って家を建てたり、切った木を燃料にしたりするのは、地球の表面（皮膚）をちょっと擦ったようなものだと。だからツバをつけておけば自然に回復可能だと。

ところが地下からものを引っ張り出すのは、石油は地球の血液であり、ウランは地球の内臓だからいけないのだと。どんな生命体も血を抜かれ内臓を引っ張り出されたら死んでしまいます。今、まさに地球の血液と内臓をがんがん引っ張り出しているような状態なのです。地球は今、のた打ち回り苦しんでいるかもしれない。

血液を抜かれ内臓を出されているから、地震だって起きるし、津波だって起きる。もう限界だ、一回ここは破綻させようと、いわゆる天変地異を起こすのではないでしょうか。いろいろな文明文化が、勃興《ぼっこう》しては消えていったのも、結局人間の自我が強く出て、社会全体がおかしくなり、自然を苦しめるようなことになった時に、そうした歴史的瞬間が起きてきたのだろうと思うのです。それが今、「またくるか」という話になっているのです。

今、２０１８年は明治維新から１５０年。２７０年続いた江戸の考え方が通用しなくなるタイミングであるということなのかも知れません。ですから、次の時代のシナリオを出してあげないといけない時期にきていると考えています。政府や経済界がシナリオを出してくれるのを待つのではなく、いち早く僕たち民間から出していかないといけない。それが、僕が提案したい「新しい社会デザイン」です。（詳しくは『ハニーさんのミツバチ目線の生き方提案』を参照してください。）

真弓先生からのバトン

真弓先生はもう命の限りを感じておられるようで、先日お会いした時に真弓先生からバトンを渡されました。そこで真弓先生からいただいた言葉があります。

「船橋くんは全国講演に回ったりして、『伝えよう伝えよう』としているだろう。『伝えよう』としなくていいんだよ。『伝えよう』とした瞬間にストレスになる。講演のあと、しんどいだろう？」

　確かにそうなのです。そして
「ちゃんとやっている人の言うことや書くことは、伝えようとしなくても伝わるんだよ。だからもう伝えようとしなくていい。俺たち医者は治すのではなくて、治るんだ。愛は、愛してもらうのではなくて、愛するんだよ」

　とおっしゃったのです。

　僕は涙が止まらなかった。

　それは僕への最大のバトンの言葉になったのです。

　パンパンに張って、伝えよう伝えようとしてガクガクになるまでやっていたこともあるし、「僕がこれだけ伝えているのに」という想いもあった。けれど真弓先生のこの言葉で、それがすーっと軽くなったのです。

「ちゃんとやっていれば、伝わるんだ」

「伝えよう」という力が抜けた時に、本当にやっている人の言葉が伝わり始めるのだと思います。

真弓定夫先生と
″江戸弁″で語られる真弓先生の想いを、僕はバトンとして受け取った

完成品を全部自分で引き受けて、食卓に並べなきゃいけないと思っているから大変なのです。材料を渡しているから、あとは調理してください、組み合わせるのは自由ですよ、と言えばいいのだと。

「ゆだねる」という信頼も大事なことであると思います。ゆだねられないということは、人を信じていないということでしょう。少々味がまずくても、見栄えが悪くても、食べられればOKだと。結果をとやかく言わないという覚悟のもとに、ある程度皆さんにゆだねたらいいかなと思っています。それにはやはり肚です。勇気というか、肚の決め方がかかわってくると思います。

第6章

待ったなしの地球の今を伝える役目

人の意識が変われば地球環境も良くなる

日本は食糧輸入大国で、廃棄大国でもあります。日本が捨てている食糧で世界の飢餓が救えるというぐらい捨てている。輸出してくれている国は自国民に行き渡る食糧が豊富だからそれができているのですが、世界中でミツバチが減っているので、自国の民が食べられなくなったら輸出などしなくなる。輸入があるから、食糧自給率が低くても大丈夫という考えは捨てるべきです。

僕が環境の仕事を始めた１９９８年頃は、赤トンボの率は国民一人につき１００匹と言われていました。僕らが子どもの頃は赤トンボが空き地で群れていた。今は赤トンボが飛ぶ姿をほとんど見ない。２０１７年の時点で言われているのは、国民１００人に赤トンボ1匹です。ここまできたらもう絶滅です。

生命というのはなだらかにはなくなりません。ドンっと一気になくなるのです。赤トンボはこの落ち込む際まできてしまったので、もう戻せません。これからは、「昔は赤トンボというのがいたんだよ」と子どもに言わなければならないようになる。寂しくないでしょうか。日本の原風景が人間の横暴によって消えていくということです。

これはミツバチも同じです。「まだいるじゃないか」と安心していたら、崖を落ちるようにいなくなるのです。減っていく驚異を取り去っていけばいいのですが、現実はそうはなっていません。

ですから今、ミツバチを育てるのが難しくなったと多くの養蜂家が嘆いています。50年、40年、30年前は簡単に育てられたのです。簡単に冬越しをさせられた。ダニもそんなにはいなかった。今それが全部おかしくなっている。ミツバチが弱くなっている。すべての生命が弱くなっている。人間も弱くなっています。

自殺者が3万人を超えたという話があります。１９９０年代に2万人を切っていたくらいなのに、ある年からバンっと増えている。実はこの年が、ヘリコプターでの農薬散布が始まった年なのです。やはり脳神経をやられてしまうから、自殺が大幅に増えたのかなと。

まさに、ホピ族の言う通り、地下のものを化かして儲けようとすると、生命は自殺に追いやられるという話であるわけです。地球の内臓を引っ張り出し過ぎたので、地球が

「これで終わりにしようか」というふうに言っている。けれど自然はそれでも人間を愛してくれているから、小鳥が知らせに来てくれたように〝命〟がその危機を知らせに来てくれているのだと思うのです。

「人間終わっちゃうよ」と。

これは自然からの人間への愛です。本当は人間を放っておけばいいのですから。

今、人間は自然を苦しめて悪いほうへ動いてしまっているので、「人間さえいなければこの地球は素敵なのに」と言う人がいます。僕はそうではないと思うのです。本当のパラダイス、すべての命が互いに生かし合って栄える楽園をつくるために大いなるものは人間をつくりたもうたし、それができるのは人間だけだと感じるからです。

今、進んでしまっている方向を反対側に変えることによってパラダイスをつくることができるのは、人間だけです。他の生きものはただ死に絶えないように循環していくことはできますが、知能を使って本当の意味の、すべての生命が生かし合って幸せな状態をつくり上げていくのは、やはり人間でないとできない。大いなるものはそこに期待しているのだと思うのです。

しかし今、その期待を人間が裏切るから、「じゃあ、やめておこうか」という話が出て、急激に地球情勢が危険な状態になっているということなのだと感じます。僕はこのことを皆さんという一人ひとりのメディアを通して知らせてほしいと願っているのです。

人の意識が変われば地球が良くなる。ただ今は、その意識が一部の人に騙され操作されている。そのことに気づけばいい。その変わる意識のために、このミツバチを通しての社会デザインの提案は意味があると思うのです。私たちの生活を支えてくれているミツバチを語ることは、その良い方向へ向かわせるためにも、とても分かりやすいことなのです。

ローカル極まればグローバルになる

2016年の年末に、「ローカル極まればグローバルになる」という言葉が降りてきて、2017年、僕は活動のために海外へは一度も出ませんでした。

2017年は、僕が住む星ヶ丘の幸せ街づくりのことや沖縄のことを一所懸命にやりました。その結果、沖縄が本気になって立ち上がり、北海道函館も立ち上がり、栃木県さくら市も立ち上がって、ミツバチ保護やミツバチ幸せ街づくりに乗り出してくれた。

星ヶ丘では最初は、「ミツバチの好きな花を商店街に植えてください」とお願いをしました。すると「ミツバチは刺すでしょう」「テナントに文句を言われるじゃないですか」と断られました。

それでも試しにと、2017年の春、ミツバチのお祭りをやらせてくれることになり、店長会議にも出て頭を下げました。すると、そのお祭りがとても良かったと、秋には2回目をやりました。そうやって信頼関係ができ、商店街の人の意識が変わっていくなかで、ついに商店街に花壇をつくろうという話が立ち上がりました。2018年はじめには、きれいに貼られた商店街の通りのタイルをはがして、ミツバチのための花壇をつくってくれました。花には、虫たちだけではなく人も集まって来ます。

1年間一生懸命に活動したら、そこまで理解を得ることができたのです。そして海外からその様子を見学に来る方々が現われました。自分の足元をしっかりやっていれば、グローバルは勝手に寄ってくるよということです。

まさにローカル極まればグローバルになる、ということです。活動の広がりを求めようとすればするほどグローバル化を急ぎたくなりますが、ローカルという小さな単位の一人ひとりの幸せをいくつもつなげていってはじめて、グローバルが幸せになるのだと感じています。

ミツバチの行動範囲は2キロです。これを僕はローカルと定めました。仕事もエネルギーも、この単位でつくっていけば幸せなのです。東京一極集中、大都市集中をやるから、生きづらい世の中になるわけです。

真弓先生は四里四方のものを食べれば病気なしと言われています。四里四方とは、16キロ四方です。昔は16キロの範囲で採れる肉や野菜、果物があった。今はありません。そこで沖縄や名古屋、栃木県さくら市や函館といったところが立ち上がってくれたので、いよいよ「ローカル極まればグローバルなる」が本格的に動くということなのです。

ミツバチ幸せ会計

２０１７年はこの活動のために国内で頑張りましたが、１回だけ海外に出ました。僕はそこでもまた、あることに気づかされたのです。ある時、１週間何も予定が入っていない時があったので、ちょっと休もうと思い、海外で安く行けるところを探すと、「タイ・プーケットの旅７日間７万円」というのがあった。これだったら払えるかなと、その場で申し込んで息子と二人で行ったのです。二人ともパソコンもスマートフォンも全部日本に置いて行きました。フェイスブックには「１週間音信不通になります」と知らせ、「何かある人は今のうちに言ってください」と言って。

プーケットに着き海岸を散歩しランチの時間になって、ちょっと広いカフェで食事をしました。満席でした。二人でおしゃべりをしていて、ふっと見たら、そこにはヨーロッパ系、アメリカ人、中国人、韓国人、インド人など、一通り世界中の人がいる。「ああ、世界がここにある」と思った瞬間、「え？」と思ったのです。なぜなら、そこにいる全員が、プーケットの自然を見るわけでもなく、食事をしながらスマホをいじっていたからです。

目の前の恋人、家族と会話すらしていない。

この旅に出る前に「愛」ということを深く考える機会があったので、愛という言葉に余韻をもって出かけてきたのですが、その時にびっくりしたのは、みんな「i（アイ）」のつく機械（iPhone, iPad）を手にしていたということ。僕が深く考えていた「愛」の反対です。

そこで思ったのは、人間はこっちのアイ「i」にからめ捕られて沈没していくか、深い「愛」に目覚めて正常化していくか、どちらかだなと。

スティーブ・ジョブズが、この「i」シリーズを出した時に語っていることがあります。それは『i』とは虚像という意味だ」と。つまり「嘘」ということです。彼はたぶん、自分の発明で、こういうことになるのを恐れていたのだと思います。このスマートフォンやタブレットの中に見えているもの、出てくるものは虚像だと。この虚像に人間が埋没していくことがどれだけ危険かということを彼は分かっていた。

使いようによっては便利ですが、今はほとんどの人が使われている。これを見ていないと不安だという人も現われている。このかわいい小文字の「i」が地獄の入口を示しているのです。
「ああ、そうか!」
僕は、この旅でこのことを見せられたのだと思いました。僕たちは1週間スマホを手放したおかげで、すごく快適でした。

ミツバチの世界は「愛」。AIの世界は「i」。たぶんこれからは五感で数値化できるものは科学で認められるものとしてロボットの世界になってしまう。人間が唯一負けないのは「第六感」と「ゼロ感」の部分です。しかし僕が今話しているようなことは数値化できないということで「科学的根拠がない」ということになり、つぶされていく。

しかし一方で、数値化してあげると理解されやすいということもあります。それを利用して展開したいのが「ミツバチ幸せ会計」というアイディアです。人を喜ばせたり幸せにしたという目に見えない価値を数値化していくというものです。企業の大きさや業績ではなく、自然、環境、人へのやさしさに対する姿勢を数値化するというものです。単位は「Bee」。

この「ミツバチ幸せ会計」はすごく大事な仕組みです。日本で言うブラック企業など問題外です。社員の労働環境の保障につながるし、会社が隠したいことが如実に数値に出てしまう。

「あなたの会社で鬱病になっている人は何人いますか」と聞かれて困る会社もあるでしょう。会計士や監査の関係の仕事をしている人が今、「ミツバチ幸せ会計」を「手伝わせてほしい」と言ってくれています。その人たちが持っている尺度に置き換えて、あとは会計ソフトをつくれば実現できる。難しいことではないのです。

しかし日本の企業はこういうことは好まないので、まずはヨーロッパに持っていこうと思います。向こうで流行らせてしまえばいいと思っています。資本主義の決算と、「ミツバチ幸せ会計」の両方の決算が出ていないとおかしいぞ、という流れをつくっていきたい。住みやすい、暮らしやすい街かどうかも、こういう基準があれば、だましがきかなくなる。Ｂｅｅ会計でやればいいと思っています。

僕たちは数値化できることで納得するように教育されていますから、「ミツバチ幸せ会計」で評価されるようになったら、自社の幸せレベルがその時によく分かると思います。

伝える人、ハニービート

２００６年に元アメリカ副大統領アル・ゴア氏の、環境問題を訴えるドキュメンタリー映画『不都合な真実』が出ました。しかし社会は結局、何も変わらなかった。だからアル・ゴア氏が『不都合な真実2』として出した映画のサブタイトルが「放置された地球」なのです。地球が壊れる前に「放置された地球」で訴えかけた。

１作目の映画の時も上映される映画館の数はたいへん限られていたし、上映期間も短かったので、僕はその状況を悔しく思い、『不都合な真実2』が出た時に、「こういう映画がありますよ。一緒に観ませんか」と広く声掛けをしたのです。そうしたら15人が来てくれました。

上映のあといろいろな質問を受けました。製作者は分かりやすくつくっているつもりでも、一般の人たちには、背景が分からないし専門用語が難しいし、なぜこの行動が必要であるのかがよく理解できないわけです。それを僕が全部説明しますと言って解説をしました。

一緒に観た人が共通して言ったことは「ハニーさんの活動と重なりました」でした。ゴア氏は映画の中で、リーダー養成講座をやっているのですが、唯一僕がやっていないことが、この「リーダー養成講座」でした。「リーダー養成講座」では、全米でゴア氏が伝えようとしていることを伝えていく人材を育てていました。

そこで、ハニーさんが一人でやるのは限界があるからと、５人が立ち上がってくれて、ミツバチの話、地球環境の話、新しい社会デザインの話をどう一般の人に伝えるかを考える合宿を企画してくれたのです。２０１８年の2月に全国から30人が集まってくれました。

アル・ゴア氏はリーダー養成と言っていますが、僕が育てたいのはリーダーでも伝道師でもない。適切な言葉がないなぁと思っていたのですが、のちに沖縄でふっと降りてきた言葉が「ハニービート」でした。ミツバチの「ハニービー」、それに「人」をくっつけて「ハニービー人《ト》」。ミツバチのように受粉（伝える）をする人たちということと、リズムを刻むビートがかかっているのです。

ミツバチの羽根は1秒に２３０回ビートします。人間も心臓の鼓動がビートしているわけでしょう。すべての生命体、物質はビートしているし、宇宙も響き。そこで「伝える人」のことを「ハニービート」と呼ぼうということになりました。

この「ハニービート」たちが地球に増えていけば、オセロの黒い面が一気に白くなるように変わるわけです。一人が10人に伝えて、その10人がまた10人に伝えたら、数日で74億人に伝わるそうです。びっくりするほど速い。ですからハニービートが増えることが大切なのです。

この理屈でミツバチや命を軸にアル・ゴア氏があの熱量で伝えたら、もっと伝わる。そのあたりは結託してやったほうが早いので、『不都合な真実』の翻訳者が昔からの知り合いなので、「アル・ゴアさんに会わせてください」とお願いをしているところです。

第7章

ミツバチが教えてくれること

ミツバチは自然の循環の真ん中にいる

自然界を人間が君臨してコントロールしていると思ってはいけないのです。僕が子どもたちやお母さんたちに伝えたいことは、アリやミミズたちのおかげで土が肥えて種が育ち花が咲き、ミツバチが受粉してくれて実をならせてくれているということ。そのおかげで人間は食べることができている。人間は何もしていない、ただ、汚しているだけ。この地球から人間がいなくなったら、本当にきれいな星になるのだから、ここに住まわせてもらっていることに感謝して生きなくてはならないということです。

子どもたちにはよくカレーライスに結びつけてミツバチの話をしているのです。

「お母さんがつくるカレーライスがあるね。ここに入っている野菜は全部ミツバチさんが受粉した結果、タネが続いているんだよ。ミツバチさんがいなくなったらこの野菜が全部ここから消えるよね。そしたらお肉と茶色いルーとご飯が残るよね。牛さん、鳥さんは何を食べているのかな？　全部ミツバチが受粉したものを食べているね。だからミツバチさんがいなくなったら、お肉もなくなるよ。

　カレーのルーはどうだろう。みんな固形や粉のものをカレールーだと思っているけど、元々はスパイスという実なんだよ。これもミツバチさんの受粉でつくられるんだ。お父さんお母さんが大好きなコーヒー豆もミツバチさんがいないとつくれない。だからミツバチさんがいなくなったら、スターバックスもなくなるよ」

「ミツバチさんが森やジャングルにもいて受粉するから実になって、それを生きものが食べる。タネはその動物の糞に入って地面に戻り、それがまた育って森をつくっていく。その下には根があって、その根に水が溜まっている。それが地面の中を通って湧いてきたのが湧水で、それが集まったのが川、だから栄養のある豊かな川になって、そこに魚やカニなどの生態系がある。それが海に注ぐからプランクトンが育って、小魚、中魚、大魚、イルカ、クジラを支えている。そのきれいな海の水が今度は蒸散して雲になって山に当たって雨になる。

　そうやってぐるぐる回っているんだよ、その真ん中をやってくれているのがミツバチさんなんだ。だから、ミツバチさんをなくすということは、そのすべてをなくすということなんだよ」

「人間は死んじゃうの？」

子どもたちもそれなりに「おおっ」と聞いているのですが、見ると、親が「知らなかった」と言いながら泣いている。結局、子どもを連れてきた親のほうががんがんに響いて、

「どうしたらいいですか？」

と聞いてくるのです。

環境問題の怖いところは、気づいた時にはもう元には戻れないということです。たいがいの不祥事はおじさんたちが頭を下げればおさまりますが、失ったいろいろな生きものはもう二度と帰ってこない。今からやらないと間に合わない。その時に改めて人間は自然環境に生かされ、小さな生きものたちに支えられているということに気づくのです。

なぜなら、人間は水一滴つくれないからです。

ですから「自然に畏敬の念を持たなくてはならない」というフランスの300年前からの考えは正しいわけです。なぜ八百万《やおよろず》の神々の国である日本が遅れてしまったのか。

出張ミツバチ教室
子どもたちにミツバチを中心に話をして環境について考えてもらう

もう一度それを思い起こして、そのスタートラインにつかないと間に合わないという想いなのです。

ただ、これから100年後、200年後に人間が息づいていないとは思えないのです。僕には、必ずこうなるという想いがあって、それを信じているのです。

「深刻な問題をよくそうやって楽しげに話ができますね」

と言われるのですが、それは僕が希望を持っているからです。言い換えれば、人間をそこまで疑っていない。とことん悪いやつはいないと思っているのです。

今責められているF1種（雑種交配による1代限りのタネ。毎年買わなくてはならない）を独占しているタネ屋さんとか、農薬で儲けている会社も、人間がやっていることですから、いつかはそれではいけないと気づくに決まっている、そうやって人間を信用しているのです。そのためなら何でもします。失うものは何もありませんから。

子どもはミツバチのいる庭で育つもの

ガーデナー（造園家）はミツバチのいない庭は庭として完成していないと言っています。本来、庭にミツバチはいるもので、ヨーロッパではホームセンターでミツバチの巣箱を売っています。

今日本ではまず家から考えて、そして余ったところに植栽をします。僕はそれは逆だと感じるのです。私たちに一番身近な自然は庭またはベランダのプランターです。住まいというのは本来そこから設計を始めるべきだと僕は思います。

僕のミツバチの師匠は、山を一個買ってヒノキを伐って二階家を建てるようなおじいさんです。この人に言われたことで、「この人を師匠にしよう」と思った言葉があるのです。

「家庭という字を書いてごらん。家と庭と書くだろう。庭のない家は家庭にならん。ええか。庭があれば門がある、門があれば、それは結界や。悪いもんも入らんということや。庭に入ると木が植わって花が咲きミツバチが来て受粉して柿の実もなる。そういうことを小さい子どもの時から庭で感じるから、心が育ち心が安らぐ。成長というのは庭でするんやぞ」

その時、僕は間の悪いことにマンションを買ったばかりだったのですが、でも僕は、これを言う人になろうと思ったのです。地面がいかに大事かということです。

本当の21世紀型の家づくりは、家族の状況に応じて、デザイナーがベストな庭づくりを提案する家であるべきだと。僕はそれを社会に提案したいと思います。

水平統合できる人材を育てる

僕は子どもの時から貧乏で、2回も離婚を経験しました。そう言うと家庭に恵まれなかった人というふうになるのですが、ある人が「ハニーさんは誰よりも地球家族に恵まれているじゃないですか」と言われ、そうだなと思ったのです。

小さな単位の「家庭」には恵まれなかったけれども、そこを超越して地球家族がたくさんいる。決して「僕は恵まれていない」というように思わなくていいんじゃないの、と言われて「なるほどな！」と思ったのです。

今の社会のまずいところは、すべて最小単位ばかりに意識を持っていかせることにあると思うのです。それだと意識が広がらないから、自分だけになったり、ちょっとした社会へのチャレンジがとてつもなく大変なことのように思えてしまう。しかし一方で、最小単位の幸せを大切にして自分が愛で満たされていなければ、大きく社会や世界にかかわる活動のエネルギーは枯渇してしまうことを実感しています。

人間はもともと宇宙、神、仏の化身だとすれば、宇宙規模で思考ができるはずなのです。

しかし教育の過程で、ぎゅーっと狭められ、しかもカチッと型にはめられてしまうから、大脳ではどうにもならなくなる。頭だと「利己」「我《が》」が先に立ってしまうので、トータル的に悪い状態になってしまう。

子どもたちを小さい枠で育てるのではなく、この枠の外に出してあげて、「あなたは、もともと宇宙サイズですよ」と教えてあげることが大事だと思うのです。この宇宙はパンパンの愛で満ちているのだから、自分の殻を破り心を開けば愛が入ってくるのです。

この小さい枠の話と関係するのですが、よく「私は無農薬やっています」とか「私は○○の専門家です」というように自分の枠に閉じこもり壁をつくる人もいる。これからはそういう枠も取り払って、水平統合していくことが大事であると思います。業界ごとの壁などないと思うのです。今、それに気づいて、横に水平統合ができる人材をつくっていくことが、社会のデザインとしては必要なことであると思います。

それは維新の時に西郷隆盛や坂本龍馬がやったこと。横へつながっていく。幕府に無血開城を迫ったり、薩長をくっつけるという考えなど、もし、すべて藩ごとに孤立していたら、できなかったことだと思います。

「社会デザイン」を変えるということ、これは養蜂家が言うことではないかも知れませんが、ミツバチとともに正直に生きていると、それが見えてくるのです。今の若い人やこれからの人に、こういう水平統合ができる才能がある人が出てくる気がしています。

頭で加工するな、肚で動け

人生は原因結果の繰り返しですから、原因を良くすれば結果が良くなる。結果がまた原因だから、人生を楽しく生きるのは簡単なのです。ですが、それを大脳が邪魔している。だから大脳を1割、肚9割にすればいいのです。

今お金がすべての基準になってしまっています。「自然というものさし」に帰らなければならないと感じます。人がつくったもので自然にないものが一個ある。それは「直線」です。自然はまっすぐに見えていても、まっすぐは一個もない。直線は、合理化、効率化の象徴です。

ですから僕は子どもに「分けない」ことを教えています。線を引いた瞬間に「あっち」

と「こっち」ができるから、そうではなく、何かを分けて考えない。これもあるけど、あれもある。オールOKだと受け入れる。それから肚で動きなさいということ。直観をまっすぐおなかに落として行動しなさい。頭で加工するな、ゴミになるから、と。

それから、「私的幸福の追求から公的幸福の追求へ」ということ。「自分だけ良ければいい」は無間《むげん》地獄、私利私欲の世界です。良い家に住みたい、良い車に乗りたい、お金を稼ぎたい……それは一生幸せだという瞬間を感じられずに死んでいく無間地獄なんだということです。

みんなを幸せにしたいという動機で日々行動していくと、感謝やいろいろな想いが返ってきて、最高に幸せになる。今の僕がそうです。

ただ現在はこのミツバチ保護活動のために世界で飛び回っているので、経済的には苦しいですが、これほど幸福に生きている瞬間はないと感じるのです。これまでで一番幸せを感じているし、やればやるほど、進んで行けばいくほど、こういうふうに幸せになっていくのだということがようやく分かった。まだ先はあるけれど、人のために懸命にやっていると、自分が幸せになれるという仕組みになっていることを感じています。

これから――あとがきにかえて

社長業を捨てて始めた、ミツバチを育て、ハチミツを採って販売する養蜂家としての僕の仕事も、ようやく軌道に乗りました。

おいしいハチミツをつくって、オペラ座のお墨付きをもらいましたが、「売れる」ということにはなかなかつながりませんでした。スーパーマーケットに頼み込んで、お店の入り口で試食販売をさせてもらったりしましたが、寒空の下、息子と二人凍えながら1日頑張っても1個も売れない日もありました。

それが、ほんの数年前のことです。

少しずつハニーファームのファンが増え、今、たくさんの方が僕のハチミツを待ってくれています。採れる量は限られていますから、欲しいと言ってくださる方すべてに行き渡らないこともあります。そんな申し訳なさも忙しさも本当にありがたいことだと、あの頃のことを思い出すと心の底から感謝が湧いてきます。

ミツバチを軸とした僕の活動も、次々と新しい展開があります。

神様の後ろ盾でミツバチプロジェクトが始まっています。

沖縄の沖宮《おきのぐう》という天照大御神をまつる伝統ある神社でミツバチのプロジェクトが始まりました。

始めは内閣府の人や地元の重鎮が「よそものが何を」という感じだったのですが、

「この沖宮のある港から、昔は世界への交易がされていました。この聖なる港からもう一回世界に幸せの船を出しましょう」

と言ったのがすごく響いたようです。

神の島と呼ばれる沖縄・久高島に巣箱を置くことができ、ミツバチによる受粉活動が始まっていますし、出雲大社のすぐ近くにもハニーファームの巣箱を設置しました。

２０１８年1月には、ネイティブハワイアンであるカメハメハ大王の7代目と会ってきました。僕のことを彼に話してくれた人がいて、ミツバチの活動にすごく賛同して会いたいと言ってくれた。

ハワイの先住民はアメリカに虐《しいた》げられたつらい記憶を持って生きています。

「ついにミツバチまで、自分たちと同じような目にあわすのか」

と、僕を応援してくれたのです。

ランド・オブ・アロハという、彼らが闘ってアメリカから取り戻した広大な土地があります。そこには無念の死をとげた先住民の遺骨が埋まっている。そこで皆で輪になって祈りを捧げました。言葉は分からないけれど、鎮魂の祈りなんだなと思って、終わったあとにカメハメハに聞きました。

「今のは何の祈りだったの?」

「君の幸せのための祈りだよ」

僕は、彼の想いに打たれました。

そして彼はこうも言いました。

「僕はね、世界平和を祈っていない瞬間は1秒もないんだ」

そして深い深いため息をついた。

ネイティブハワイアン100万人の命とか、先住民の想い、今の社会に対する憂い、ミツバチがいなくなることへの悲しみ……それらを包括したようなため息でした。カメハメハは、このランド・オブ・アロハでミツバチをやってくれないかとも言ってくれました。僕が今すぐ手がけることは難しいですが、実現する方法は必ずあると思うので、探っていきます。

続く3月にはインドネシア、バリ島にあるグリーンスクールに行ってきました。そこは世界一幸せな学校と言われていて、子どもたちが世界中から来ています。学校はジャングルの中にあって、そこで暮らすと、発達障害などで薬を飲んでいる子はまず薬が抜ける。そして自然の中にいることで病気がいつのまにか治ってしまうそうです。アインシュタインだってエジソンだって発達障害だったのです。しかし彼らは天才と呼ばれた。どんな子だってみんな天才のタネを持っている。それを今は多動症などという名前をつけられて病気にされてしまっているのです。

その薬を絶ってあげると、本来の天才ぶりが出てくる。グリーンスクールでは子どもたちが微生物を研究したり、クリーンエネルギーを研究したり、サンゴ礁を保護したり、僕と同じようにミツバチ教育をやっている子もいます。自分のアイディアをどんどん深めていく。企業がそのアイディアを買いに来るのだそうです。

外部から講師を入れることはまずないと言われたのですが、僕の話を100人を超える高校生が正式授業として聞いてくれました。みんな反応が良く、目力が強い。ちょっとした響く言葉を言うとパチパチと拍手や歓声が上がる。僕は英語ができませんが、自然と「No honey bees, No life」と言っていました。すると子どもたちはスタンディングオベーションで応えてくれた。僕は涙があふれました。

日本の高校生との違いに愕然としました。

僕が想い描いている教育が、ここにあると思いました。

グリーンスクールの創始者、ジョン・ハーディ氏にはなかなか会えないと聞いていたのですが、たまたま学校の敷地内で向こうから歩いてきた彼を見つけ、名刺を出して「エンバイロメント・コンサルタント、ジャパニーズ・ビーキーパー」(環境コンサルタント、

日本の養蜂家です）と二言で自己紹介をしたら、すぐに
「連絡先を教えてくれ。明日の朝食に君を招待したい」

と言ってくれました。周りのみんながびっくりしていました。

翌朝7時前くらいに行くと、ジョン・ハーディが大きな袋と槍みたいなものを持っている。竹の筒の先に5寸釘みたいなのがついていて、これをこうするんだと、落ちている缶やペットボトルを刺して拾うのです。

「袋一杯にゴミを拾わないと朝食はないよ」と言って、どんどんジャングルに入っていくわけです。靴を脱げと言われてズボンも膝まで上げて裸足で入っていきました。ジョンと娘さんはスタスタ行くのですが、

「アイテテテ」

と僕は足の裏が痛くてうまく歩けない。

川で流されそうになったり、竹が2本組まれただけの橋で落ちそうになったり、スタッフの方に助けてもらってやっとついていく感じです。

そうやって僕は何回も命を落としそうになりながら、ゴミを拾って2時間半ジャング

ルを歩いて、スタートしたところへ戻って来たら、ジョンは朝食をすでに食べ終わって、いませんでした。

僕は「日本にグリーンスクールをつくる」と意気込んでいましたが、息も絶え絶えになって分かったのは、ジョンは無言で語ってくれていたということです。

環境のコンサルタントでミツバチ保護活動家——でもね、「ジャングルひとつ裸足で歩けないでどうする？」ということ。

これは、すべての日本人への問いかけです。

「あなたは自然の中で暮らせますか？」

「野生動物としていられますか？」

そして、拾っても拾ってもなくならないゴミを、無言で黙々と拾い続ける姿を、

「ハニーさん、グリーンスクールを日本につくると言うけれど、それは僕にいちいち聞かなくてもいい、勝手につくればいい。黙って黙々とやればいいんだ」

というメッセージとして僕は受けとめたのです。

こんなふうに、僕が進めていきたいことを実現させる出会いや学びを、次々ともらっています。

ディズニーへの働きかけも続いています。

僕の呼びかけで、日本と世界の子どもたちが、「プーさん、ミツバチを助けて」という手紙をディズニーに直接送ってくれています。ディズニーはしばらく沈黙していましたが、全部ではありませんが返事を出してくれるようになりました。プーさんに手紙を書いているのに、なぜかミッキーから返事がきます。

「船橋さんの想いは分かるし、すごく良いことだと分かるけど、あなたが希望するようにキャラクターを使うことはディズニーにはまだできません」という返事がくるのです。

ですから僕は、「ディズニーは子どもたちの叫びを無視するのですか」という交渉を始めます。

ミツバチが生きづらい状況はずっと続いています。ですから、できることはすべてやっていこうと思っています。

八ヶ岳倶楽部の柳生博さんと次男の宗助さんと仲良くさせてもらっています。

柳生家の家訓は、「心がしんどくなったら野良仕事をしなさい」というものだそうです。昔、心身を崩した柳生さんは家族をつれて自然豊かな八ヶ岳に移住し、そこを活動の拠点とするようになりました。

野良仕事とは、野を良くする仕事。柳生さん家族は40年間、荒れ果てた森を綺麗な広葉樹の森にした。それが今の八ヶ岳倶楽部です。

長男の真吾さんが亡くなられる前に、「ミツバチが来たら嬉しい」ということで、丸太をくり抜いてミツバチの巣箱をつくられたのですが、そこに日本ミツバチが入ってきた。真吾さんは柳生さんの前で泣いたことがなかったそうですが、「ミツバチが来てくれた」と号泣されたそうです。

ミツバチというのは、飼い主が亡くなるといなくなるものなのですが、お兄さんが残した巣箱を次男の宗助さんが引き継いで、柳生さんと一生懸命森の手入れを丁寧にしていたら、日本ミツバチが5家族に増えた。

しかし、2018年の1、2月、冬越しができなくて3家族が死んでしまったのです。

柳生宗助さんと対談した時、

「なぜ、あんなにミツバチが愛《いと》おしいのか」

という話になりました。答えを「せーの」で同時に言ったら、同じ答えでした。

「ミツバチには我《が》がないから」

ミツバチは絶対調和の集合意識なのです。ミツバチは調和しないと生きていけない。宇宙そのものだからなのですね。

ミツバチの愛おしさに魅かれて、今少しずつですが、この活動を担ってくれる人が現われています。高校生などの若い子たちが、加わってくれるケースも増えてきました。

僕の活動はすべて、ミツバチが素敵な人に出会わせてくれて、素敵な人たちが住む街に連れていってくれたことで支えられています。この本を書くことができたのも、ミツバチが出会わせてくれたすべての方々、すべての命のおかげだと深く感謝をしています。

１００年後、２００年後にも人間は地球に息づいていること、そしてすべての人が幸せを実感でき、すべての命が共生共栄する世界の実現を信じて、これからもミツバチに教わりながら、この活動を進めていきます。

２０１８年６月

船橋康貴

船橋康貴　ふなはし やすき

養蜂家　環境活動家

一般社団法人ハニーファーム代表理事

1960 年名古屋市生まれ。中京大学文学部心理学科卒。
経済産業省産業構造審議会専門委員、名古屋工業大学非常勤講師、日本福祉大学講師、省エネルギー普及指導員、愛知県地球温暖化防止活動推進員を歴任。
2012 年 一般社団法人ハニーファームを設立。以降、世界中で激減しているミツバチを守るために、環境のプロとして、ミツバチを使った「ハチ育」や町おこしなどを行なっている。
2018 年 7 月、主演のドキュメンタリー映画『みつばちと地球とわたし』公開（ハートオブミラクル配給）

ハニーファーム ホームページ　http://honeyfarm.jp
ハニーファーム オンラインショップ　http://honeyfarm.jp/shop
船橋康貴のブログ　https://ameblo.jp/yasuki3838

ハニーさんの自伝エッセイ

ねえねえ、ミツバチさん 仲良く一緒にどこ行こう

2018 年 7 月 21 日　初版第 1 刷発行

著　者　船橋康貴

定　価　本体価格 1,400 円
発行者　渕上郁子
発行所　株式会社 どう出版
〒 252-0313 神奈川県相模原市南区松が枝町 14-17-103
電話　042-748-2423（営業）　042-748-1240（編集）
http://www.dou-shuppan.com
印刷所　株式会社シナノパブリッシングプレス

　ISBN978-4-904464-90-8
